U0005112

生活清潔劑

過去使用太多化學清潔劑了！

　　由各種奇形怪狀的挑剔女人們聚集而成的地方，正是這家名為「F.book」的公司。我們喜歡讓一切恰到好處，就好；當我們遇到囂張跋扈的人或自以為眼光高的人，只會嗤之以鼻地撂下一句「廢話連篇……」。不用多也不用少，只要跟其他人活得差不多，就好。只不過，就算有想要把這個理念宣導給別人的心，也會立刻浮現：「算了，過好自己的生活就好！」慢慢地，就這樣過了三十歲、四十歲、五十歲……現在讓這些年過五十的職業婦女們聚集的地方，就是「F.book」。

　　突然間，有了一個念頭。做書讓我們覺得很幸福，也因為喜歡這一份工作，何不索性把數十年的光陰通通奉獻給做書，來一場正面對決又如何？即便我們清楚知道，近年來影響力每況愈下的「書」好像已經變成了一種舊時代的遺物，想要透過書籍向這個世界傳達真心有多麼困難……我們還是想要做一些有價值的書，所以「讓我們一起做書吧」！

雖說家務彷彿就是順順地過日子，習慣便成自然，
可是改變家庭主婦，就會改變整個家庭，最後整個世界都會被改變！

　　這本書寫滿了清掃、洗衣服、翻箱倒櫃擦灰塵的女人日記，也可以算是既然都有了想法，也開口提議了，不如就來做一本每日家務書。雖然直接買化學清潔劑回家，擦得到處都是泡泡也無傷大雅，只不過秉持著改變家庭主婦，就會改變整個家庭，最後整個世界都會被改變的想法，如果能使這個令人煩膩的世界稍微變得歡樂一點的話……搞不好只是一本有點做作兼虛張聲勢的書啦！因為我們將會說一個只靠蘇打粉、檸檬酸、活氧漂白劑這三樣東西，就可以捍衛孩子與家庭的健康，並守護地球的故事。

　　再也不需要其他清潔劑。只要擁有三劍客，就是天下無敵的萬靈丹。因此，請不要覺得有什麼特別的，只要好好地傾聽我們的故事，好嗎？試著大膽作一場夢吧！

　　「用這些東西會有什麼好處嗎？」從現在開始，我們會慢慢告訴您的。只要省下喝一杯咖啡的錢，就能買下這本書，所以請不要用任何理由推辭，是的，請不要推辭！我們何不一起做做看那一成不變的家務呢？

即便如此，我們何不稍坐一下再出發呢？

打掃之神
洗衣服之神
家務之神上身

　　玻璃專用、家具專用、陳年油汙專用、運動鞋專用、細緻衣物專用……再加上浴室專用、廚房專用，甚至還有不實包裝的五花八門多功能……上述的一切都是離不開打掃與清潔的清潔劑。由於打掃和清潔工作的地位如今已經躍身成為與柴米油鹽平起平坐的重要大事了，所以現在的趨勢已經朝向光是買一瓶清潔劑都要考慮到是不是環保產品？健不健康？不知是不是因為這個原因，方便、多樣化的清潔劑如雨後春筍般出現，只為想要抓住處理家務的每一顆主婦的心。

　　「買哪一種好呢？要用在哪裡啊？」

　　不知道從何時開始，經常都會像失去靈魂般地站在賣場展示台前發呆。要什麼香味有什麼香味，心裡放不下價格貴了點卻標榜各種無添加物，手裡又放不下買一送一，眼神還停在剛上市的新產品上，回到家還不斷按著電視購物的電話號碼……「打掃之神」偶爾上身的日子，一口氣就按照種類將各式工具與各樣清潔劑全部備齊。然而，大舉購入的各種「專用」清潔劑，百分之百會在用了一、兩次之後，就收進浴室或流理台底下，再不然就是躺在陽台的某處。難道除了洗碗和洗衣服之外，什麼也做不了了嗎？我想，對職業婦女而言，下班之後需要更聰明的「東西」來幫自己處理家務。

　　此時，吸引住我視線的正是蘇打粉、檸檬酸和活氧漂白劑，也是江湖上人稱「清潔劑三劍客」的東西。在我生下第二個小孩之後，開始尋覓環保清潔劑的時候，聽說蘇打粉能增強小孩子的免疫力，但我並沒有特別注意它，直到七年後的今天才發現市面上有相當多的品牌主打添加蘇打粉，當然也少不了檸檬酸和活氧漂白劑。我原先就已經知道作為食品原料的蘇打粉有著強勁的清潔力和環保特質，但是我想確認看看是不是再加上檸檬酸和活氧漂白劑就足以抗衡所有市面上的清潔劑，讓我們家的每一個角落都能亮得發光。

　　總而言之，那就是自從我把三劍客繫在腰上的那一天起，經過幾天幾夜……再也沒有在廚房和浴室看過一根頭髮。我開始時不時就想尋找汙垢的痕跡，就算埋頭打掃和清潔到肩膀都快斷了，卻完全停不下來！炫耀著累積十年漫長歷史的我們家浴室水龍頭、毛巾掛架、衛生紙架全都清澈得可以用來當作鏡子照；客廳的白地板重回新婚時期的閃亮；亮白的流理台搭配亮白的水龍頭，彷彿重生的全新廚房……教我怎麼可能停得了手呢？一早起來看到就連過去總是把「我要工作已經很忙了！」掛在嘴邊，然後假裝眼不見為淨就撇在一邊的瓦斯爐、排油煙罩汙垢通通清得乾乾淨淨時，真的很感動！

　　不知不覺之間，我迷上了「只要擁有三劍客和魔術海綿就天下無敵」這句話。蘇打粉去汙、檸檬酸打光、活氧漂白劑甚至連濁黃抹布都能搞定，我赫然有種糾纏自己十年的體重瞬間下降的感覺。經歷過這種孤軍奮戰的過程，成為主婦們的朋友，《生活清潔劑》因而誕生。

　　我想將自己親身試過、確認過效果的實物推薦給讀者們。經濟實惠，甚至還兼顧愛護環境的優點，怎麼可能有人可以視而不見呢？最後再補充一句或許聽起來像廢話的東西。假如手裡握著蘇打粉和檸檬酸的話，奉勸各位一定要先從清理浴室的水龍頭和衛生紙架下手，如此一來，立刻就可以了解什麼叫做「一旦開始就停不下來」的美好了！

天然 生活

蘇打粉、檸檬酸、活氧漂白劑……
讓我們擦亮雙眼見證天下無敵的三劍客奇蹟吧！

天然 空間

一年三百六十五天健康地，一天二十四小時愜意
地，按照各個不同的空間，試試快樂體驗環保清
潔劑的神奇魔法吧！

天然 生活

蘇打粉
檸檬酸
活氧漂白劑
讓我們擦亮雙眼見證天下無敵的三劍客奇蹟吧！

環保的清潔劑三劍客，到底好在哪裡呢？

吃下去也沒關係！值得信賴的100%天然成分

身為母親，當然會很憂心小孩子喜歡擺進嘴裡又吸又咬的餐具、玩具、衣物、布娃娃等，究竟是不是使用全天然的清潔劑來清理；其中最需要多加注意的成分為界面活性劑、鹽素漂白劑、螢光增白劑和防腐劑等。

雖然市面上已經有很多環保清潔劑沒有添加上述幾樣東西，但是就算除去某些會影響身體健康的成分，也不代表完全沒有使用其他化學成分，這也正是從100%全天然成分萃取出的清潔劑會如此受到關注的原因。現在，無論在賣場、超商或是社群網站裡見到化學添加物0%及化學殘留物0%的清潔劑已經是再平常不過的事情了。

有助於家人健康！無須擔心殘留的無害清潔劑

處理洗衣、打掃、除臭、清洗等家務時，需要用到清潔劑的情況比想像中多太多了。像是洗碗這種關係到直接擺進嘴巴裡的事情，從肉眼能看見的餐具清潔到肉眼看不見的除臭，便有著相當大的活用範圍。因此，如果要照顧免疫力比較弱的嬰兒起居，當然還有顧慮到整個家庭的健康，使用天然成分製成的清潔劑，絕對是必要的選擇。

舉例來說，萬一使用了含有化學成分的清潔劑洗碗，雖然眼睛不會看見任何殘留物，但是殘留物會在餐具乾了之後，以粉末的型態附著在餐具上，一旦接觸到熱食，就會慢慢融解，進入我們的體內。除此之外，纖維清潔劑的化學殘留物也會在洗完衣服之後，殘留在衣服纖維裡，一旦接觸到空氣，就會以無形的方式經由呼吸道吸進身體裡。這也是為什麼除了小朋友的衣服之外，家人們的衣服同樣也需要格外細心處理的原因。

簡單到不行！只要擁有這三樣東西，所有關於清潔劑的煩惱拜拜

擁有零至三十六個月大的小孩的媽媽們，健康管理的重要程度可一點也不亞於清潔，因此實用、簡單版的家務處理是近來流行的趨勢。媽媽們必須將時間重心擺在育兒上，理所當然會追求用更聰明的方式解決家務，只不過，難道只有剛生完小孩的媽媽這麼想嗎？雖然表面上看起來不明顯，但是比想像中需要花更多工夫收拾的家務，其實可以有系統地使花費時間和疲累程度下降。

舉清潔劑的種類為例，光是使用場所和效用就足足可以分成幾十個種類，如果要將這些全部掛在腰上的話，讓每一種清潔劑都能適材適所，那可絕對不是一件輕鬆的事情。相信只要稍微有在做家事的主婦們，看到以下這一段一定會很有同感；舉凡料理、打掃、收納，想要節省時間的首要任務就是讓物品數量降到最低，在此，只要用一、兩種清潔劑就能通通將所有家務解決，所以怎麼可能讓人有拒絕的理由呢？不但各自能互補，還能互利增效的蘇打粉、檸檬酸、活氧漂白劑，或許就是能夠被封為三劍客並且受到廣大群眾歡迎的原因吧！

環境保護！愈用愈見拯救地球的效果

蘇打粉擁有pH值幾乎不會在一般狀態下改變的特質，因此無論將蘇打粉撒進大海或是隨江水流放，都不會對其pH值產生影響，反而是當蘇打粉溶解在水中的時候，會變成鈉離子與碳酸根離子，還能有淨化海水與江水的作用。當湖水或是江水遭到汙染時，美國政府會丟入蘇打粉淨化被汙染的水質，這是因為鹼性的蘇打粉能夠中和水中有害的酸性物質。雖然會選用蘇打粉是基於它強力的清潔效果和高實用性，不過最重要的是，蘇打粉擁有能夠對我們要留給下一代的環境產生正面影響的優點。

環保的清潔劑三劍客，要用在何處？
又是如何發揮效用的呢？

廚房

　　從去除食物異味、瓦解各種陳年汙垢、洗碗到清洗食物，廚房是能夠直接影響整個家庭健康的地方，因此需要加倍細心與細膩的管理。除了要注意流理台和排水孔是相當容易滋生細菌的溫床之外，瓦斯爐附近累積的油垢則獲選為頭痛分子的第一名。直接放進家人們嘴裡的餐具、蔬菜、水果的清洗工作更是要避免任何含有化學成分的清潔劑。

臥室

　　意外地成為最容易被疏忽的地方之一。消除一整天累積的疲勞，提供安穩休息空間的臥室，應該要時時保持令人舒適的氛圍。一星期使用環保清潔劑清潔一至兩次容易造成頭痛、疲勞與氣管炎的加濕機和寢具裡的塵蟎，是管理臥室最主要的部分，如此便能打造出健康的休憩空間。

浴室

　　高濕度的浴室成為僅次於廚房的細菌溫床。尤其是眼睛看不見的馬桶細菌、免治馬桶細菌、矽膠霉菌和水垢，成為極度惱人的管理對象。尤其是有小孩的家庭，必須要繃緊神經留意直接接觸肌膚的洗髮精、肥皂、清潔劑裡是不是含有阿摩尼亞、苯或浴室清潔用的鹽素漂白劑等會對室內環境產生壞影響的化學物質。

客廳

　　客廳瀰漫著芳香劑、除臭劑，以及各種亮光劑裡散發出的甲苯、甲醛等有害物質。特別是有小孩的家庭大部分的時間就是待在客廳，所以必須要仔細地選用環保的清潔劑才行。尤其要注意不易清潔的布料或皮革沙發、地毯的灰塵與塵蟎，可是榮獲了誘發過敏的冠軍寶座。因此隨時進行清潔管理，並

且利用環保除臭劑取代含有化學成分的除臭劑是相當重要的環節。

兒童房

為了免疫力低弱的小孩，舉凡寢具、玩具、書籍等都必須使用環保清潔劑；加上未滿週歲的小孩，看到任何東西的第一反應就是擺進嘴巴，因此家裡如果有未滿週歲的小孩，一定要把小孩的書、玩具、寢具等列為頭號管理對象。另外，絕對要避免含有界面活性劑的洗衣用清潔劑；用來清洗奶瓶、餐具的清潔劑，需要格外謹慎地避免含有化學成分的清潔劑，選擇含有食品添加物的清潔劑才行。

寵物

同時兼具能夠除臭與消毒效果的蘇打粉，用來打理寵物犬或其飲水盤都有相當好的效果，甚至還可以去除寵物犬的淚痕或眼屎。尤其是在替狗狗洗澡的時候，只要妥善利用，根本可以不用再另外購買犬用洗潔精。只要放入蘇打粉，就能輕鬆搞定積滿麻煩水垢的飲水盤。

露營場

提到露營場，絕對少不了只會產生少量泡沫又可以重複使用的環保清潔劑。假如有水的地方離露營場很遠的話，只要有蘇打粉，就可以輕鬆解決洗碗的問題；烤盤，百分之百是需要消耗大量清潔劑的「重要角色」，不過只要有蘇打粉和檸檬酸，三兩下就可以搞定，用來處理露營後各種用品上累積的汙垢也具有相當的效果。

環保的清潔劑三劍客，彼此之間有什麼不同呢？

魔法粉末蘇打粉

　　所指的即是當海水或湖水蒸發之後，將其留下的天然沉澱物——碳酸氫鈉，經過去除雜質的過程後，製作出的礦物質；其實把它想成製作麵包、餅乾時，用來使麵粉膨脹，增進口感的發粉就會比較容易理解。

　　近來成為食品添加物的蘇打粉，不只擁有中和酸鹼的特質，還能夠有效吸附汙染物質，堪稱是魔法粉末，也因此成為環保清潔劑的新寵兒。蘇打粉最大的魅力就是，即便讓使用完畢的蘇打粉流入大海，無害的成分不僅不會傷害環境，甚至還能改善水質。

研磨_細緻、溫和的研磨功效，讓家裡的每一個角落都閃閃發亮

　　所謂的研磨，顧名思義就是能夠利用磨擦或是擦拭的方式清除油垢或灰塵的性質。假如不是使用像菜瓜布那種材質的東西，如何能夠讓粉末產生研磨的功效呢？

　　只要將蘇打粉放進水中溶解，就能讓結晶體的邊邊角角變得圓滑，圓滑的結晶體聚集在一起之後會形成凹凸不平的表面，而這些凹凸不平的表面即能溫和地拭去汙垢。另外，當弱鹼性的蘇打粉溶解在水中的時候，能夠使不溶性的油垢或灰塵變成水溶性。

　　善加利用蘇打粉的此項特質，只要在菜瓜布上撒上蘇打粉，擦拭頑強汙漬或油垢的話，就能讓髒東西通通消失得無影無蹤。蘇打粉擁有相當細緻且溫和的粒子，利用這些粒子就能有效搞定玻璃、金屬、鋼鐵、瓷器、塑膠製品的表面。不過，如果要使用在像大理石等有光澤的製品上，就得特別小心了。

除臭_中和頑固的酸性成分，解決各種令人不舒服的異味

　　與單純覆蓋氣味的香水不同，蘇打粉具有中和異味的性質，因此可以根本地去除異味。一般而言，惡臭的原因是由酸掉的牛奶等所發出的濃郁酸性氣味或腐壞的魚等所發出的強勁鹼性氣味，而蘇打粉正是兼備了能夠中和酸性分子與吸附鹼性分子的功能。

　　這就是為什麼無論狐臭或腳臭，冰箱或鞋櫃，不方便經常洗滌的纖維製品等，都能使用蘇打粉解決的原因。吸附濃濃泡菜味的塑膠容器或嬰兒奶瓶的阿摩尼亞異味，都能靠蘇打粉輕鬆搞定。

中和_魔法粉末，能夠取代所有有害成分的無害成分

　　蘇打粉的研磨、除臭等代表性功能全都和「中和」這個特質離不開關係。所謂的中和，即是使酸鹼比例維持在穩定的狀態，加上蘇打粉擁有pH值幾乎不會在一般情況下改變的特質，這就是為什麼就算使用再多的蘇打粉也不會對海水或江水等環境產生負面影響的原因；另外，皮膚保養品裡添加蘇打粉的理由，也和其中和酸鹼的功效息息相關。

Q 持續使用蘇打粉後發現用量越來越多,不知道會不會對環境造成汙染?

A 蘇打粉擁有pH值幾乎不會在一般狀態下改變的特質,所以就算蘇打粉的濃度增加,也不會對海水或江水的pH值產生影響。如果蘇打粉在水中溶解的話,也會變回鈉離子和碳酸根離子,反而還能淨化海水與江水。

Q 經常都是憑感覺決定用量,不知道有沒有正確的使用比例呢?

A 只要像使用一般市面上的清潔劑去使用蘇打粉即可。蘇打粉是天然清潔劑,完全不會對皮膚或呼吸道造成任何刺激,因此就算非常大量地使用也不會有任何害處,無須擔心。使用比例上,如果想要調配成漿狀使用,蘇打粉與水的比例約為2〜3:1;如果想要調配成水狀使用,蘇打粉與水的比例約為1:10。

Q 蘇打粉和發粉的差異是什麼?

A 蘇打粉只要加兩樣酸性物質,就會變成發粉了。只用碳酸氫鈉製成的是蘇打粉(重曹),上述所提到的再加入兩樣酸性物質的是發粉。雖然發粉裡面多了酸性物質,在水中溶解時同樣會產生中和作用,所以當麵包發起的時候就會產生碳酸氣體;其實道理等同於碳酸飲料裡的氣體一樣,對人體是無害的。

Q 蘇打粉的保存方法是什麼?

A 蘇打粉最好能夠擺放在通風的陰暗處保存,保存期限通常是兩到三年,不過如果不是拿來食用的話,那就沒有保存期限的問題。萬一經過長時間沒有使用而結塊變硬時,只要搖一搖就會重新變回粉末狀了。

檸檬酸

　　剛買回鍋子或平底鍋的時候，我們會放一點食醋水進去煮沸，因為這麼做可以利用食醋裡的成分降低細菌數量，而在這裡扮演類似於食醋角色的東西，正是檸檬酸。

　　白色粉末形態的檸檬酸，其實就是將我們平常喜歡吃的橘子或檸檬裡的無色無味鹽基性結晶體，利用糖蜜發酵後得到的100%天然成分。不但能夠作為環保產品的使用，對於已經習慣使用食醋處理一些家務的主婦而言，檸檬酸具有更加多樣化的活用功能。

　　雖然檸檬酸是高濃縮成分，卻不會發出任何酸味，因此使用範圍不拘場所，相當經濟實惠，也是近來吹起天然風的家務小幫手之一。蘇打粉（鹼性）和檸檬酸（酸性）一起使用的話，兩者所產生的中和作用，更能夠使解決陳年汙垢與頑強髒東西的效果加倍。

靜菌_就算不能完全消滅，減少一點也好！易如反掌的生活靜菌

消除細菌，顧名思義就是我們耳熟能詳的滅菌、殺菌，但是「靜菌」卻是顯得有些陌生的詞。所謂的靜菌，指的是阻止細菌的代謝與成長，減少細菌的數量。學會處理日常生活中從未停止發生，卻一點也看不見的細菌，老實說的確是需要強效一點的成分才有辦法，但是只要懂得活用檸檬酸，就會發現一切比想像中簡便、輕鬆，尤其是能夠有效對排水孔、纖維、餐具、流理台、垃圾等進行消毒並降低細菌的數量。

鎮定_被昆蟲叮咬的時候、洗臉的時候，都能有鎮定的效果

檸檬酸裡所含有的酸性成分能夠有效鎮定皮膚搔癢症或發炎症狀；這也是檸檬酸被活用於潔膚保養品的原因。

軟水_無論纖維或皮膚，都能被溫柔對待的天然成分

顧名思義就是水具有柔軟的性質，不僅可以活用在纖維清潔劑，也能在頭髮潤絲精裡看見它的身影。另外，有人拿來作為去角質用的AHA（Alpha Hydroxy Acid）產品，檸檬酸即是成分之一，因此使用檸檬酸來保養皮膚，能夠讓人擁有亮白好臉色，皮膚也會變得滑順。

Q 檸檬酸和蘇打粉有什麼不同，好混淆喔！

A 只要了解各自的特質與汙漬的成分就能簡單分辨兩者的不同。碰到酸性汙漬時，使用蘇打粉；碰到鹼性汙漬時，使用檸檬酸。同理，去除異味時亦然。

Q 蘇打粉是一直以來的愛用物，非得要加檸檬酸一起用嗎？

A 當蘇打粉（鹼性）和檸檬酸（酸性）相遇的時候，會因為中和作用而產生碳酸氣泡，這不是什麼有害的成分，其實就跟碳酸飲料裡的氣泡是同一類的東西。此時，兩者功能的互補互利，成為家裡此起彼落的超音波，搞定每個角落的陳年汙垢與發霉汙漬。

Q 不用檸檬酸，改用食醋也可以嗎？

A 由於兩者成分相同，所以選擇使用食醋取代檸檬酸也無妨。只不過比起食醋，檸檬酸在價格方面略勝一籌，加上無味的特質可以不拘使用範圍等，使用上都會比較方便。另外還有一點就是，相較於食醋，檸檬酸的酸性更強，還能自行調節濃度，因此在清掃或靜菌時都能有更加顯著的效果。

Q 檸檬酸的保存方法是什麼？

A 檸檬酸最好能夠擺放在通風的陰暗處保存，保存期限通常是兩到三年，不過如果不是拿來食用的話，那就沒有保存期限的問題了。由於檸檬酸的吸濕性相當強，所以務必要以密閉方式保存；至於動不動就會結塊的檸檬酸也只要敲一敲就可以如常使用了。不過，為了防止檸檬酸發霉，建議將它擺在陰涼處，每星期酌量取用會比較好。

活氧漂白劑

顧名思義就是利用活氧製成的漂白劑，也是洗衣服時主要使用的漂白劑。又稱為過碳酸蘇打、過氧化蘇打、過碳酸鈉，在水中溶解時產生的氧能夠分解汙漬，達到去漬的效果，而且完全不會留下任何化學殘留物，可以視為健康的漂白劑，深獲生過孩子而皮膚變得敏感的媽媽們喜愛。

去除汙垢_去除衣物上殘留的汙漬

只靠清潔劑沒有辦法解決衣物上殘留的汙漬時，可以選擇使用活氧漂白劑，尤其是對有小孩的家庭來說，簡直就是天上掉下來的禮物，總是能夠有效去除果汁或食物殘漬。

漂白_毫無雜質、殘留物的健康漂白劑

想要清洗穿了很久或累積汙漬未清的泛黃衣物、抹布、拖布時，可以多加利用活氧漂白劑，即便使用在有色的衣物上也不會使其變色。

Q 與鹽素漂白劑的差異為何？

A 雖然去除汙漬的機能相同，但是得依據使用時所產生的氣泡為鹽素還是酸素區分究竟是鹽素漂白劑還是活氧（酸素）漂白劑；鹽素漂白劑（俗稱ROX）不僅味道刺鼻，而且還具有毒性，尤其是和酸性清潔劑一起使用時相當危險，必須特別留意。除此之外，鹽素漂白劑的氧化力非常強，因此漂白衣物的時候，會使得衣服原本的顏色產生變化，舉凡毛料、絲質、尼龍等內含氮的纖維，都會因漂白而變黃。相反地，活氧漂白劑產生的氣體並不含有毒物質，因此可以安心使用。特別是活氧漂白劑在攝氏四十度以上的常溫時會排出酸素，去除衣服上沾染的氫離子，因此用來去除被汗漬染黃的棉質衣物，效果尤其顯著。

究竟是要用蘇打粉呢？還是要用檸檬酸呢？

油垢（酸性）→ 蘇打粉

1 手垢程度的輕微髒汙
`using` 蘇打粉＋檸檬酸＋乾布

利用蘇打粉或蘇打水擦拭髒汙處，接著噴灑些許檸檬酸後用乾布擦乾淨即可。

2 難纏的油垢
`using` 蘇打粉＋檸檬酸＋菜瓜布＋紗布

先將高濃度的蘇打粉或蘇打水噴灑於瓦斯爐附近沾滿油漬的磁磚後，接著用鋼刷之類的東西擦拭，最後撒上檸檬酸，再用紗布擦乾淨即可。

3 硬化的油垢
`using` 蘇打粉＋檸檬酸＋中性清潔劑＋菜瓜布或牙刷＋乾布

先撒上清水使排油煙罩或瓦斯爐鍋架上硬化的油垢軟化成一般油垢；如果是硬化情況比較嚴重的油垢，則需要使用到中性清潔劑。接著噴灑蘇打粉後，利用菜瓜布或牙刷擦拭，再以抹布擦乾淨。最後撒上檸檬酸，再用乾布擦乾淨即可。

4 去除酸腐食物的異味
`using` 蘇打粉

由於食物腐壞時產生的異味屬於酸性，等同於處理其他汙漬的道理，這種類型的異味只要使用蘇打粉進行中和作用，便能使惡臭消失。

水漬＆肥皂殘留物（鹼性）→ 檸檬酸

1 流理台、洗手台、浴缸的白垢
`using` 檸檬酸＋菜瓜布或牙刷＋洗碗布＋乾布

在流理台、洗手台、浴缸等出現的白垢，大部分都是鹼性，只要噴灑適當濃度的檸檬酸就會消失。如果是長期累積下來的水垢、肥皂殘留物則需要先用洗碗布覆蓋後，撒上檸檬酸，接著靜置三十分鐘以上，再用牙刷等刷洗。最後用清水沖乾淨，以乾布擦乾即可。

2 菸味、海鮮味
`using` 檸檬酸

菸味、海鮮味屬於鹼性，等同於處理其他汙漬的道理，鹼性異味靠檸檬酸中和，便能使惡臭消失。

↓

油垢
奶油等乳製品
手垢
餿水惡臭
酸腐異味
嘔吐物
↓
蘇打粉

肥皂殘留物
尿液
熱水壺內部汙垢
水垢
鍋子裡的食物漬
菸味、海鮮味
菸油
↓
檸檬酸

天然 空間

一年三百六十五天健康地，
一天二十四小時愜意地，
按照各個不同的空間，
快樂體驗環保清潔劑的神奇魔法吧！

一秒讓我們的家搖身一變成為天然空間的工具和清潔劑

需要道具

各類刷具與牙刷

菜瓜布與海綿

棉質抹布

噴瓶與壓瓶

回收的醬料瓶罐與粉罐

按照空間將清潔劑分門別類

蘇打粉

蘇打粉末_適量撒或倒在欲清潔處使用即可
ex 排水孔、馬桶、流理台、烤海鮮留下的油漬等。

蘇打水_搭配刷具、菜瓜布、海綿、噴瓶等工具進行洗滌或打掃工作
ex 浴缸、磁磚、磁磚縫隙、窗、窗框、紗窗網、地毯等。
製作方法 將500㎖的溫水倒入杯中，接著加入約5g蘇打粉，溶解完畢後倒入壓瓶或噴瓶中使用即可。

蘇打粉漿_使用牙刷或湯匙塗抹在髒東西上
ex 砧板、貼紙背膠、衣物汙漬等。
製作方法 將蘇打粉末與溫水以2〜3：1的比例攪拌至漿狀為止。將水少量加入時，會產生適當黏性，充分攪拌後即可使用。放置過長的時間可能會使其變硬，盡可能一次使用完畢；萬一用不完的時候，請放入密閉容器保存。

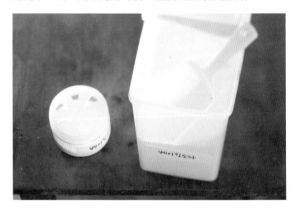

檸檬酸

粉末_適量撒或倒在欲清潔處使用即可
ex 馬桶、熱水壺、攪拌器等。

檸檬酸水_利用噴瓶等工具噴灑在欲清潔處使用即可
ex 布偶、玩具、布沙發、抱枕、鍵盤、蓮蓬頭、免治馬桶、窗、窗框、紗窗網等清潔不易或雙手經常觸碰的物品。
製作方法 利用水稀釋好欲使用之比例，盡量將檸檬酸的酸性濃度控制在5%內。
1% 檸檬酸水_水 1ℓ ＋檸檬酸約兩小匙（10g）
5% 檸檬酸水_水 1ℓ ＋檸檬酸約十小匙（50g）

活氧漂白劑

粉末_主要用來作為衣物清潔劑；請勿直接噴灑於衣物上，先將活氧漂白劑用水溶解後使用為佳。
ex 洗衣槽清潔、尿布、抹布、拖布等。

活氧漂白劑漿_使用牙刷或湯匙塗抹在髒東西上
ex 頑強汙漬、咖啡或果汁漬、運動鞋等。
製作方法 將活氧漂白劑粉末與溫水以2～3：1的比例攪拌至漿狀為止。充分攪拌至濃稠狀後即可使用。放置過長的時間可能會使其變硬，盡可能一次使用完畢；萬一用不完的時候，請放入密閉容器保存。注意，請勿將水與活氧漂白劑混合保存。

無藥可救——廚房

流理台附近的清潔

流理台排水管的清潔

　　相當利於細菌繁殖的流理台排水管需要隨時進行殺菌消毒，只不過想要清理雙手難以進入的排水管絕非易事。整理好晚餐的餐具之後，就可以利用蘇打粉和檸檬酸替排水管進行日常管理，如此一來便能常保排水管潔淨。

`using` 蘇打粉＋檸檬酸

1 將三大匙蘇打粉均勻地撒在排水管四周。

2 利用熱水將蘇打粉沖入排水管內。

3 最後撒下一大匙檸檬酸，再用清水將檸檬酸沖入排水管，即可達到靜菌的效果。

無論流理台的塑膠濾網與排水孔蓋維持得再怎麼乾淨，似乎始終沒有辦法達到真正衛生的標準，怎麼辦才好呢？

取出濾網與排水孔蓋，倒入蘇打粉，接著以熱水沖淨，最後再用刷具清理即可。將塑膠材質的濾網換成不鏽鋼材質，兩者交替使用也是解決方法之一！

超簡單夏季排水孔的清理

　　夏天不僅食物容易產生異味，也是細菌旺盛繁殖的季節，因此要徹底管理好細菌溫床——排水孔。事先調配好放在冰箱冷凍的檸檬酸水，可以隨時拿出來使用，輕鬆去除異味，還能順便做好清潔工作。

`using` 檸檬酸＋冰塊

1 將一大匙的檸檬酸放入兩杯分量的溫水，均勻攪拌後放入冰箱冷凍。

2 接著取3～4塊冷凍好的檸檬酸冰塊，擺進排水孔，再將冷水沖進排水管，如此便能利用溶化的檸檬酸冰塊消除異味，同時達到清潔的效果。

`tip` 將檸檬酸水擺進冰箱冷凍的過程也能順便去除冰箱霉味。

水龍頭上產生的白垢清理

鹼性的水垢和肥皂殘留物為主要出現在水龍頭上的髒東西，只要使用擁有酸性成分的檸檬酸就能輕鬆搞定。

`using` 檸檬酸＋菜瓜布＋牙刷＋乾布

1 神不知鬼不覺去除水龍頭附近出現的頑強水垢！首先，先撒上檸檬酸水（5%），接著靜待至少五分鐘。

2 使用菜瓜布之類的東西擦拭，狹窄的縫隙部分則可以利用牙刷仔細清理。

3 最後以清水沖洗，再用乾布擦乾淨即可。

瓦斯爐附近的清潔

瓦斯爐的日常清理

沾附各式各樣食物殘渣的瓦斯爐，格外需要頻繁清潔。平常的時候，只要利用蘇打水稍微處理就可以搞定；至於處理頑強汙垢的時候，則可以使用蘇打粉。

`using` 蘇打粉＋檸檬酸＋菜瓜布＋乾布

1 如果是輕微的殘垢，只需要撒上些許蘇打水，以菜瓜布擦拭即可。

2 如果是頑強的油垢，就必須要撒上水和蘇打粉末，靜置三十分鐘，再利用菜瓜布之類的東西擦拭。

3 接著以乾布擦去殘餘髒汙。

4 最後噴灑檸檬酸水（1～2%），再以乾布擦乾淨即可。

烤魚鍋架的清理

烤魚時留下的油垢可以靠中性清潔劑反覆清理三至四次，即可去除；不過先在鍋架撒上一些蘇打粉，也不失為一個好方法，如此一來蘇打粉會吸附油脂，之後的清理工作會變得輕鬆許多。

`using` 蘇打粉＋廚房擦布

1 在烤魚之前，可以先在烤盤底下撒滿足以覆蓋整個鍋架分量的蘇打粉。

2 烤完之後，再取下鍋架，以廚房擦布擦乾淨即可。

排油煙罩的清理

　　難以清理的排油煙罩是汙垢無比頑強的地方，因此最好能一個月進行一至兩次的清理。首先，拆下鐵網，以蘇打水噴灑鐵網，靜置至少一個小時，接著再以清水沖淨。萬一遇到超級頑強的油汙時，可以按照下列步驟解決。

using 蘇打粉＋檸檬酸＋牙刷＋乾布

1 為了預防髒東西掉到瓦斯爐上，在開始清理工作前，宜先以厚紙板或塑膠布蓋住瓦斯爐後，再拆下鐵網。

2 撒上足以覆蓋整個鐵網分量的蘇打粉，接著噴灑熱水，使其呈現漿狀。

3 靜置一個晚上後，再以清水沖乾淨。

4 如果還有汙垢殘留在鐵網縫隙的話，只要撒上些許蘇打粉仔細擦拭即可。

5 最後噴灑檸檬酸水，再以乾布擦乾，即可將鐵網裝回原位。

冰箱的清理

冰箱汙垢的清理

　　由於冰箱內外的溫差，導致水氣的產生，而長久置之不理的水氣便會變成水垢或發霉，假如再與溢出的食物結合，百分之百會成為令人頭痛的髒汙。

`using` 蘇打粉＋檸檬酸＋抹布或菜瓜布＋乾布

1 當冰箱充滿髒東西的時候，第一步要做的是先用抹布將冰箱徹底擦乾淨。

2 將一大匙的蘇打粉加入1ℓ的水中，接著加入一小匙的檸檬酸粉，靜待氣泡完全沉澱。

3 以抹布或菜瓜布充分沾附②後，擦拭冰箱的每一個角落。

4 直到完全看不見髒東西的痕跡，最後再以乾布擦乾水氣即可。

去除冰箱食物異味

　　蘇打粉氣化的過程中能夠有效分解氣味分子，多孔性的蘇打粉能夠吸附特殊的氣味分子，去除臭味，消滅冰箱裡「五味雜陳」的異味。

`using` 蘇打粉

1 將大量的蘇打粉裝進回收的粉罐，接著打開粉罐口，放入冰箱內。

2 除臭的功效大概可以維持三個月，之後可以再將使用過的蘇打粉倒進排水孔，回收再利用，順便去除排水孔的異味。

廚具 · 食物的清理

餐具的洗滌

油垢屬於酸性，所以只要利用鹼性的蘇打粉進行中和，就能不費吹灰之力，讓餐具變得清潔溜溜。相反地，酸性的檸檬酸能夠抑制對人體有害的微生物繁殖，稱得上是炎夏餐具洗滌的得力助手。

`using` 蘇打粉＋檸檬酸＋菜瓜布

1 碗盤的數量不多時，可以選擇用水沾濕碗盤後，撒上蘇打粉，再以菜瓜布清理。

2 碗盤數量很多時，可以將熱水倒進較大的容器裡，接著將碗盤擺入，再加入三至四大匙的蘇打粉與兩小匙的檸檬酸。當油垢或髒東西較多的時候，可以視情況增加蘇打粉的分量。

3 二十至三十分鐘後，撈出碗盤，再以熱水將碗盤沖乾淨即可。

tip 如果經常需要這麼做的話，可以事先將蘇打粉漿調配好備用，增加使用上的方便。不過，因為蘇打粉漿容易變硬，最好能夠盡快使用。如果是不鏽鋼製的碗盤，還可以在最後利用檸檬酸使其保持原有光澤。

湯匙、筷子、叉子與調味用具的清理

　　雖然無時無刻不在清理湯匙、筷子、叉子或調味用具，偶爾還是會出現頑強難以清除的油漬，尤其在夏天，餐具或調味用具的殺菌消毒工作更是重要。可以多加利用蘇打粉和檸檬酸取代將餐具丟進沸水的方法。

using 蘇打粉＋檸檬酸

1 將兩大匙的蘇打粉加入溫水中，接著擺入湯匙、筷子、叉子等。

2 五分鐘後再加入一大匙檸檬酸粉，繼續浸泡。

3 五分鐘後，以清水洗淨即可。

tip 由於蘇打粉容易在不鏽鋼製品上留下白色斑點，所以能夠再利用檸檬酸做最後的清理。

砧板的清理・去除異味・靜菌

　　菜刀在砧板上留下許多大大小小的傷痕，也因此成為細菌滋生的溫床，想要去除食物的殘渣殘留和異味更是難上加難。平常可以多利用蘇打粉和檸檬酸保養，然後再放置於陽光下曝曬風乾即可。

using 蘇打粉＋檸檬酸＋海綿

1 在積滿汙漬的砧板撒上蘇打粉，潑上熱水後，以海綿擦拭，最後再用清水沖乾淨即可。

2 利用蘇打粉漿覆蓋儲滿異味的砧板十分鐘左右，再以清水洗淨，放置於陽光下曝曬風乾即可。

3 想替砧板靜菌的話，先在砧板撒上蘇打粉，接著再撒上滿滿的檸檬酸粉，兩者中和產生氣體的時候，利用熱水沖洗，進行消毒，以海綿擦拭後晾乾即可。

tip 不只是砧板，想要消除洋蔥或蒜頭殘留在手上的味道時，蘇打粉也能有效去除異味。

廚房用菜瓜布與抹布的消毒

　　如果說因為潮濕的水氣讓菜瓜布成為細菌溫床的代名詞，其實一點也不誇張。盡可能每隔兩至三天就清理一次菜瓜布；夏天的時候，最好能夠在每天處理完晚餐餐具後就立刻進行菜瓜布的消毒工作，便能輕鬆管理好菜瓜布的衛生。

using 蘇打粉＋檸檬酸

1 各取一大匙蘇打粉和檸檬酸放入水中攪拌，接著將菜瓜布、抹布等放入浸泡。

2 再以清水洗淨，放置於陽光下曝曬風乾即可。

平底鍋、鍋具的清理

平底鍋令人傷腦筋的地方，除了異味，還有會一再沾附在食物上的油垢，此時只要利用蘇打粉的中和作用，就能同時去除異味和油垢。

using 蘇打粉＋檸檬酸＋菜瓜布

1 將蘇打粉和清水以1：2的比例均勻攪拌，接著倒入平底鍋和鍋具中烹煮十到二十分鐘。

2 將①置於常溫中至少三十分鐘，再以菜瓜布擦拭平底鍋與鍋具的油垢。

3 殘留的油垢，可以利用沾附蘇打粉的菜瓜布擦拭。

4 容易積累汙漬的鍋具把手部分，可以利用沾附蘇打粉漿的菜瓜布擦拭。

5 最後撒上檸檬酸水，就能讓鍋具閃閃發亮。

tip 浸泡過蘇打粉、檸檬酸的水，倒進排水孔可是能一石二鳥地順便清理排水管呢！

保溫杯的清理

保溫杯的材質多以不鏽鋼為主，可以利用蘇打粉和檸檬酸達到靜菌的效果，進行清理，並且能夠輕鬆去除清不掉的咖啡漬。

using 蘇打粉＋檸檬酸＋細刷＋長刷

1 先拆除保溫杯上的密封用膠圈，分解好保溫杯的每一個部分。

2 將杯蓋與膠圈擺入溫水中，再加入一大匙的蘇打粉攪拌後，浸泡約十分鐘。

3 利用細刷清理累積在杯蓋細部的汙垢。

4 在保溫杯內倒入水和二分之一小匙的檸檬酸粉，充分搖晃後，以長刷清理。

5 最後以清水洗淨後，放置於陰涼處風乾即可使用。

冰塊、冰淇淋容器的清理

夏天必備的冰塊與冰淇淋容器因為稜稜角角的關係，所以在清理上並不是一件容易的事。想要去除連刷具都沒有辦法到達的地方，就不得不請出蘇打粉了。

using 蘇打粉＋牙刷

1 在熱水中加入三大匙的蘇打粉，接著將冰塊與冰淇淋容易放入水中。

2 十分鐘後，如果還能看到殘留汙漬的話，再以牙刷或細刷清理，最後用清水沖乾淨即可。

　　殘留在水果或蔬菜上的農藥，雖然用水就可以洗乾淨，但是心裡總覺得有點疙瘩。
這時候，就可以拭目以待蘇打粉驚人的功能了。心裡真的變得舒服許多！
讓人變得看見理應要剝皮才能吃的橘子，都想要連皮一起吃下去了呢！

大田精美小禮物等著你！

只要在回函卡背面留下正確的姓名、E-mail和聯絡地址，
並寄回大田出版社，
你有機會得到大田精美的小禮物！
得獎名單每雙月10日，
將公布於大田出版「編輯病」部落格，
請密切注意！

大田編輯病部落格：http://titan3.pixnet.net/blog/

你可能是各種年齡、各種職業、各種學校、各種收入的代表，

這些社會身分雖然不重要，但是，我們希望在下一本書中也能找到你。

名字／_____ 性別／□女 □男　出生／_____年_____月_____日

教育程度／

職業：□學生□ 教師□ 內勤職員□ 家庭主婦 □ SOHO 族□ 企業主管

　　　□ 服務業□ 製造業□ 醫藥護理□ 軍警□ 資訊業□ 銷售業務

　　　□ 其他 _____

E-mail/_____　電話／_____

聯絡地址：

你如何發現這本書的？　　　　　　　　　書名：

□書店閒逛時_____書店 □不小心在網路書站看到（哪一家網路書店？）_____

□朋友的男朋友(女朋友)灑狗血推薦 □大田電子報或編輯病部落格 □大田FB 粉絲專頁

□部落格版主推薦 _____

□其他各種可能，是編輯沒想到的 _____

你或許常常愛上新的咖啡廣告、新的偶像明星、新的衣服、新的香水……

但是，你怎麼愛上一本新書？

□我覺得還滿便宜的啦！□我被內容感動 □我對本書作者的作品有蒐集癖

□我最喜歡有贈品的書□老實講「貴出版社」的整體包裝還合我意的 □以上皆非

□可能還有其他說法，請告訴我們你的說法

_____

你一定有不同凡響的閱讀嗜好，請告訴我們：

□哲學 □心理學 □宗教 □自然生態 □流行趨勢 □醫療保健 □ 財經企管□ 史地□ 傳記

□ 文學□ 散文□ 原住民 □ 小說□ 親子叢書□ 休閒旅遊□ 其他 _____

你對於紙本書以及電子書一起出版時，你會先選擇購買

□ 紙本書□ 電子書□ 其他_____

如果本書出版電子版，你會購買嗎？

□ 會□ 不會□ 其他_____

你認為電子書有哪些品項讓你想要購買？

□ 純文學小說□ 輕小說□ 圖文書□ 旅遊資訊□ 心理勵志□ 語言學習□ 美容保養

□ 服裝搭配□ 攝影□ 寵物□ 其他 _____

　請說出對本書的其他意見：

大田出版有限公司編輯部 感謝您！

水果、蔬菜的清理

　　利用原本就是食品添加物的蘇打粉清洗水果或蔬菜，不僅安心，還能在擔心是否有農藥殘留時，有效清理。

`using` 蘇打粉

1 直接將蘇打粉末撒在蘋果、梨子等水果上，均勻擦拭約三十秒，再以清水洗淨。

2 蔬菜或果肉較軟的水果可以將兩至三大匙的蘇打粉加入水中清洗，再以清水沖乾淨即可。注意！不要浸泡超過五分鐘。

電器用品的清理

微波爐的日常清理

　　同時滿足去除微波爐內食物汙漬與異味的願望，平時只要善用蘇打粉和檸檬酸來清理，就能有效管理。

using 蘇打粉＋檸檬酸＋菜瓜布＋乾布

1 先撒上一些水，再均勻地撒上足以將整台微波爐覆蓋的蘇打粉。
2 靜待蘇打粉吸附油垢後，再以菜瓜布刷洗。
3 利用乾布擦拭髒汙處。
4 噴上檸檬酸水後，最後以乾布擦乾即可。

tip 將一杯加入檸檬的開水或綠茶放進微波爐內，微波兩至三分鐘，等內部產生水氣後，再以蘇打水擦拭。

壓力鍋的清潔

　　由於壓力鍋有許多雙手無法觸及的小地方，因此清潔起來十分困難。利用檸檬酸和蘇打粉便能同時完成靜菌和洗滌的工作；可以透過熱檸檬酸蒸氣進行內部靜菌、消毒，輕輕鬆鬆去除髒東西。

using 檸檬酸＋蘇打粉＋菜瓜布＋回收的牙刷＋棉花棒

1 倒入半個壓力鍋的檸檬酸水（1～2%），按下開關。
2 開始咕嚕咕嚕產生水蒸氣後，等兩分鐘左右即可關閉。
3 此時，藉著檸檬酸產生的蒸氣以菜瓜布輕輕擦拭。
4 邊邊角角的小汙漬可以利用牙刷沾蘇打粉刷洗。
5 蒸氣孔的部分也可以利用棉花棒沾蘇打粉輕輕擦拭。
6 在壓力鍋內倒入清水後，再次按下開關。使用檸檬酸清潔後，必須用清水擦淨才不會留下酸味。

果汁機、攪拌機的清理

　　想要清理廚房裡構造複雜的果汁機、攪拌機，絕非易事，只要利用溶解蘇打粉和檸檬酸的水，就能將清潔劑滲透進整部機器的每一個角落，同時搞定清理與靜菌工作。

using 蘇打粉＋檸檬酸＋細刷

1 盡可能將能拆解的部分一一拆開來，置於清水中，倒入各兩大匙的蘇打粉和檸檬酸後攪拌。
2 浸泡約五分鐘後，以細刷刷洗每一個零件。
3 最後用清水沖乾淨，放置於陰涼處風乾後，再組合回原狀即可。

tip 攪拌機的部分，可以加入一大匙的檸檬酸粉，接著加入清水，啟動開關後攪拌即可。

熱水壺的水垢清理

　　清理熱水壺內部的水垢和外部的汙漬時，同樣也是靠蘇打粉和檸檬酸就能解決。內部靜菌交給檸檬酸，外部去漬交給蘇打粉。

`using` 檸檬酸＋蘇打粉＋乾布

1 將熱水壺裝滿水後煮沸。

2 充分沸騰後，加入一小匙檸檬酸粉，靜置三十分鐘，接著將熱水壺裡的檸檬酸水倒入排水孔。

3 倒入清水，再次按下沸騰鍵。

4 將蘇打水噴灑於熱水壺外部，以乾布擦拭汙漬即可。

`tip` 可以先在排水孔附近撒上蘇打粉，之後將溶解過檸檬酸粉的檸檬酸水倒入時，便能順帶清潔排水孔。

咖啡機的清理

　　單靠雙手難以清理的咖啡機，總讓人覺得渾身不自在，再加上如果使用時間一長，內部累積產生的沉澱物可就沒有辦法完全處理掉了。利用蘇打粉進行中和作用後，再以檸檬酸靜菌。

`using` 蘇打粉＋檸檬酸＋牙刷＋乾布

1 將咖啡壺裝滿水後加入兩大匙蘇打粉，啟動開關，烹煮完畢後將水倒掉，再以清水重新進行一次上述步驟。

2 將蘇打水噴灑於咖啡機外部，以乾布擦拭即可。

3 濾網的部分可以抹上蘇打粉，再以牙刷等輕輕刷洗後，用清水沖乾淨即可。

`tip` 可以選擇在咖啡壺內加入檸檬酸水（水5：檸檬酸1），靜置一天的時間，讓檸檬酸發揮靜菌的效果，並且以軟水的機能有效消除內部的細菌與汙垢。

洗碗機的清理與去除異味

　　想要維持餐具的清潔，洗碗機絕對是需要費心管理的物件，即便偶爾可以用中性清潔劑辛苦清理，但是怎麼樣也比不上使用擁有令人安心成分的蘇打粉清理，光靠蘇打粉就能同時解決清理工作與去除異味。

`using` 蘇打粉

1 在洗碗機的壁上撒上蘇打粉。

2 連接水管，將洗碗機排出的蘇打水流入水槽即可。

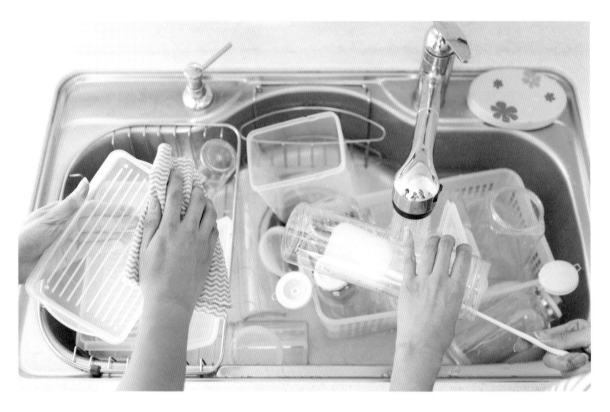

消除惡臭

去除各種容器的食物異味

使用塑膠容器裝泡菜的話，百分之百會殘留泡菜味與辣椒水漬，此時，只要利用蘇打粉就能搞定異味與心中怒火；如果是使用玻璃容器的話，還能利用蘇打粉來消毒。

`using` 蘇打粉

1 將一大匙的蘇打粉加入0.5 ℓ 的溫水中，利用菜瓜布沾附溶解後的蘇打水擦拭即可。

2 假如徹底沖洗乾淨後，仍有異味殘留的話，可以在塑膠容器內倒入一至兩大匙蘇打粉，靜置一天一夜後再進行洗滌工作即可。

去除流理台下方的霉味

　　利用蘇打粉能中和並去除異味的性質，能夠有效消除流理台下方，因為不知不覺間累積的濕氣而容易產生的噁心霉味。

using 蘇打粉
1 將蘇打粉裝入回收的瓶罐，擺放於流理台下方。
2 等到蘇打粉失去除臭功效之後，再將蘇打粉倒入排水孔內作為清潔用途即可。

去除餿水惡臭

　　雖然能夠隨時處理掉餿水才是上上之策，但是一到炎夏，餿水的處理可就沒這麼簡單了；食物異味可以撒上弱鹼性的蘇打粉解決。

using 蘇打粉＋檸檬酸
1 在餿水桶的底部撒上足以覆蓋整個桶底的蘇打粉。
2 撒上蘇打粉後，再放入餿水的話，蘇打粉可以有效吸收餿水惡臭。
3 假如這樣做還沒有辦法消除臭味的話，可以再撒上能夠抑制細菌滋生的檸檬酸粉。

搬新家得花大錢，但是讓家變得像全新的一樣還綽綽有餘呢！

2

霉味四溢，浴室與玄關

地板與牆壁的清理

磁磚、地板的清潔

採用濕式而非乾式施工的浴室地板，無論再怎麼謹慎管理，絕對還是會產生水垢的，尤其是磁磚與磁磚縫隙間的白色矽膠，相當容易變黃，因此可以利用蘇打粉和檸檬酸固定一星期清潔一次。

`using` 蘇打粉＋檸檬酸＋浴室用刷具

1 盡可能挪開擺在排水孔附近和地板上的東西。

2 先用蓮蓬頭將欲清潔處以熱水噴濕，然後撒上蘇打粉和檸檬酸粉。

3 十分鐘後便可以拿浴室用刷具刷洗，最後以溫水沖乾淨即可。

`tip` 進行浴室大掃除的時候，除了磁磚的清潔之外，可以先裝滿半個鐵桶的溫水再加入一杯蘇打粉，等待溶解完畢後，使用浴室用刷具刷洗每一個角落；檸檬酸的使用也與上述步驟相同。

浴室磁磚牆的清潔

經常被水噴得到處都是而留下汙漬的浴室，使得浴缸或淋浴間的磁磚成為「保證發霉」的地方；只要懂得善用蘇打粉和檸檬酸，同時完成洗滌與靜菌，一切煩惱清潔溜溜！

`using` 蘇打粉＋檸檬酸＋浴室用刷具

1 均勻地將蘇打粉漿塗抹在欲清潔處，接著再塗抹上檸檬酸漿。

2 靜待十分鐘後，以浴室用刷具刷洗，最後以溫水沖乾淨即可。

`tip` 洗澡的時候，順便清潔浴室是最方便的。只要在浴室磁磚牆均勻撒上蘇打粉後，利用菜瓜布之類的東西刷洗，最後再以清水沖乾淨即可。

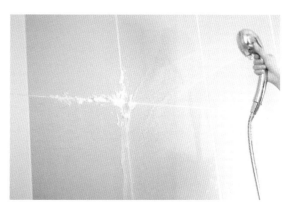

浴缸附近

浴缸陳年汙垢的清潔

　　因為角質等一些有的沒的東西混在水裡累積成了浴缸裡的陳年汙垢，雖然單憑肉眼很難看得見，卻已經成為繁殖細菌的溫床了。洗澡後，只要順手做幾個簡單的動作，就能維持浴室整潔。

`using` 蘇打粉＋菜瓜布或刷具

1 利用沾濕的菜瓜布、刷具或海綿等，沾上蘇打粉，由上至下刷洗。

2 每天晚上睡覺之前，先在浴缸裡撒滿蘇打粉，隔天早上再刷洗也是另一種清潔的方法。

3 白色水垢的部分可以噴灑檸檬酸水（1～2％），靜置二十分鐘後，再噴灑熱水刷洗。

`tip` 浴室邊緣接縫的防水矽膠產生的黑點，十之八九都是霉菌。可以使用稍微沾過水的細刷，刷洗事先在發霉處撒上蘇打粉的地方。不過，這麼做是沒有辦法將滲入矽膠裡的霉菌百分之百清除的。

蓮蓬頭把手的清潔

　　想要靠刷具仔細地將鋁製的蓮蓬頭把手清理乾淨，那可不是一件簡單的事，但是蘇打粉和檸檬酸可以徹底清潔雙手無法觸及的蓮蓬頭雜垢。

`using` 蘇打粉＋檸檬酸＋回收塑膠容器

1 先將蓮蓬頭把手的部分拆解下來，置於回收的塑膠容器中。

2 將溫水倒入塑膠容器裡，接著各放入一湯匙的蘇打粉和檸檬酸粉。

3 蓋上塑膠容器的蓋子後搖晃，此時會因為加入檸檬酸的關係而產生氣體，最後只要將蓋子打開讓氣體散出即可。

環保潤絲精

　　用檸檬酸取代含有化學成分的潤絲精，不僅能讓髮色亮麗、髮質柔軟，還附帶去除頭皮屑的功效。

`using` 檸檬酸

1 將一至二小匙的檸檬酸粉加入1ℓ溫水中溶解。

2 洗完頭，在最後沖洗的時候，利用檸檬酸水取代潤絲精，輕輕沖洗頭髮即可。

`tip` 如果是用礦泉水溶解成的檸檬酸水沖洗頭髮的話，甚至還能達到護髮的效果。

馬桶附近

馬桶的清潔

　　馬桶的內側累積了形形色色的汙垢和髒東西，卻因為都是一些眼睛看不見的死角而被忽視；試著用蘇打粉和蘇打粉漿處理看看吧！

`using` 蘇打粉＋菜瓜布

1 可以利用睡前的時間，在馬桶內側撒入二分之一杯的蘇打粉，隔天再用水沖掉即可。

2 馬桶的底部，可以用濕菜瓜布沾上蘇打水刷洗，接著以蓮蓬頭沖乾淨即可。

3 累積在馬桶深處，單憑雙眼無法看見的汙垢與髒東西在睡前用蘇打粉漿倒於馬桶深處，隔天多沖幾次水就能搞定。

馬桶座位部分的清潔

　　可以利用蘇打水擦拭直接接觸我們身體的馬桶座位部分。將蘇打水裝進噴瓶中，如此便能輕鬆進行大範圍的浴室清潔。

`using` 蘇打粉＋乾布

1 在馬桶座位上均勻噴灑蘇打水

2 使用乾布擦拭蘇打水。馬桶內側與馬桶蓋的部分，也是使用同樣方法清潔即可。

免治馬桶的清潔

　　一星期噴灑一至兩次檸檬酸水，便能達到靜菌、洗滌的效果。

`using` 檸檬酸

1 免治馬桶的清潔可以善加利用噴瓶。噴灑檸檬酸水後，靜置一個小時，再以清水沖乾淨即可。

2 只要一個星期內完成一至兩次上述步驟，便能有效清潔免治馬桶。

垃圾桶除臭

　　對於浴室垃圾桶發出的作嘔異味感到相當苦惱的話，可以善加利用蘇打粉除臭的功能，只要撒一點蘇打粉就能讓異味消失得無影無蹤。

`using` 蘇打粉＋檸檬酸

1 清空浴室內的垃圾桶後，將它擦乾。

2 撒下蘇打粉，直到看不見垃圾桶底部為止。

3 完成上述步驟後再使用垃圾桶的話，應該就能解決異味的問題了。

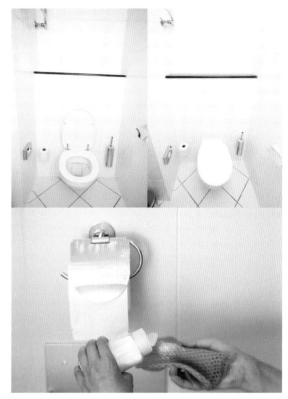

利用沾附蘇打粉的菜瓜布輕輕擦拭浴室的磁磚、衛生紙架、毛巾架，便能讓這些地方都變身成亮得發光的鏡子。

tip 使用垃圾袋之前，先在垃圾桶底部鋪上撒過檸檬酸水的報紙，如此便能抑制惡臭與霉菌的產生。

洗手台附近

洗手台的日常清理

　　浴室裡最會堆積水垢的洗手台，只要下定決心每天順手清理的話，就能有效抑制霉菌滋生。

`using` 蘇打粉＋檸檬酸＋菜瓜布＋木筷＋乾布

1 確實在水龍頭和洗手台的每一個邊邊角角都撒好蘇打粉。
2 利用菜瓜布刷洗後，撒上檸檬酸水（1～2％）。
3 用來控制洗手台水位的水塞是很容易產生黑色霉菌的地方，同樣也是拔出後撒好蘇打粉，再用包覆乾布的木筷擦拭即可。
4 接著用清水沖洗整個洗手台，最後再以乾布擦乾即大功告成。

消毒牙刷

　　有報導指出牙刷堪稱是細菌溫床，因此牙刷必須徹底清潔才能有效潔淨我們的口腔。捨棄牙刷殺菌機，改用消毒效果更好的蘇打粉，能使清潔效力加倍。

`using` 蘇打粉

1 將二分之一大匙的蘇打粉倒入溫水杯中溶解。
2 等到粉末差不多溶解完畢後，再將牙刷浸泡於蘇打水中十至二十分鐘；持續維持一週一次的消毒即可。

疏通排水孔

　　百分之百會殘留頭髮或其他異物的排水孔，想要使排水孔隨時保持暢通，首先就要做好排水孔的日常清理，就能防止堵塞的情形發生。

using 蘇打粉＋檸檬酸

1 在堵塞的排水孔裡倒入一杯蘇打粉，接著沖入一杯以熱水溶解好的檸檬酸水（10%）。

2 五分鐘後再倒入熱水。

3 反覆進行數次上述步驟的話，就能疏通排水孔。

先倒入一杯蘇打粉。

接著倒入一杯檸檬酸水。

五分鐘後，打開蓮蓬頭沖入熱水。

洗衣戰爭，洗衣機

手工清潔劑與柔軟劑

環保清潔劑

　　我們應該盡可能避免使用化學清潔劑清洗會直接接觸肌膚的纖維製品。雖然洗衣服的時候，我們都希望能夠找到同時兼具去漬、除臭、漂白等多樣機能的清潔劑，事實上比起那些五花八門的產品，我們更需要的是環保、不具有任何有害成分的清潔劑，經濟實惠之餘，還能同時改善水質。

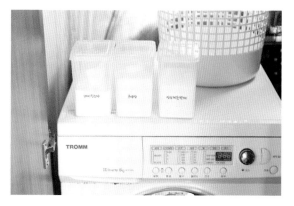

`using` 活氧漂白劑＋蘇打粉＋檸檬酸

1 將活氧漂白劑和蘇打粉放入洗衣機的清潔劑擺放槽，然後把具備纖維柔軟劑功效的檸檬酸放進洗衣機另一個添加清潔劑擺放槽。

2 可以先用活氧漂白漿塗抹於部分汙漬較嚴重的白襯衫或襪子，稍經攪拌後再放入洗衣機。

`tip` 參考下列調配比例使用即可。活氧漂白劑和蘇打粉皆有較強的吸濕性，建議分開擺放為佳。另外，活氧漂白劑加了水之後會使保存器皿膨脹，請務必以粉末狀態保存。

不使用一般清潔劑的情況 活氧漂白劑、蘇打粉、檸檬酸水（1%）的比例為2：1.5：1

摻雜一般清潔劑一起使用的情況 活氧漂白劑、蘇打粉、檸檬酸水（1%）的比例為1：1：1

洗衣服時的環保清潔劑建議用量

一般洗衣機	滾筒式洗衣機	建議用量
最少水位	3kg 以下	10g
低水位	3～5kg	20g
中水位	5～7.5kg	30g
高水位	7.5kg 以上	35g

環保纖維清潔劑

　　活用具有讓水質變成軟水的檸檬酸特性，便能使其變成纖維製品的柔軟劑。如果想要增添香氣，可以加入些許香氛精油一起使用；不過就算單單使用檸檬酸就足以讓衣物變得柔軟舒服了。

`using` 檸檬酸

1 事先調配好足夠分量的檸檬酸水（1%）備用。

2 如果是使用滾筒式洗衣機的話，可以將檸檬酸倒入柔軟劑擺放槽；如果是使用一般洗衣機的話，將檸檬酸水視為柔軟劑，在完成洗衣步驟前倒入使用即可。

`tip` 比例太濃的檸檬酸會傷害衣物，所以請務必遵循調配比例使用。

洗衣機的清潔

清潔劑擺放槽、水槽的清潔

清潔劑擺放槽和水槽，不僅眼睛難以看見髒汙，連雙手也不易碰到，因此經常成為被疏忽的地方。因為長期處於潮濕的環境，這些地方十分容易成為霉菌繁殖的溫床，必須養成固定清潔與管理的習慣。

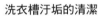 蘇打粉＋檸檬酸

1 拆下清潔劑擺放槽與水槽。

2 將清潔劑擺放槽與水槽放入溶解好各一大匙蘇打粉和檸檬酸粉的水中，浸泡十分鐘後再以清水洗淨即可。

洗衣槽汙垢的清潔

如果曾經為了選購哪種洗衣清潔劑而苦惱的話，那麼請選擇使用不含任何化學添加物的清潔劑清洗洗衣槽。使用活氧漂白劑固然能達到清潔的作用，也能盡可能降低化學殘留物附著於洗衣槽。

using 活氧漂白劑

一般洗衣機

1 先將洗衣機設定使用最高水位，接著選擇攝氏40度左右的溫水。

2 加入活氧漂白劑（500g），啟動洗衣機使其運轉約五至十分鐘，讓活氧漂白劑慢慢溶解。

3 將②靜置一個半小時左右，最後啟動標準洗滌模式即可。

滾筒式洗衣機

1 將活氧漂白劑（350g）直接放入洗衣機內，而不是放進清潔劑擺放槽。

2 設定好攝氏四十度的溫水後，啟動標準洗滌模式使其運轉約兩小時。水溫越高，效果越好。

洗衣服與熨衣服

積滿汙垢與汗漬的工作服與運動服的清洗

    其實將吸飽濃厚汙垢與汗漬的衣服混合在一般衣物中一起洗,是一件相當不經濟的事,這種時候應該使用較多分量的活氧漂白劑分開洗滌特別髒的衣服,這樣才是有效清洗衣物的方法。

`using` 活氧漂白劑

1 將10g的活氧漂白劑加入20ℓ的熱水中攪拌,接著放入洗滌衣物浸泡十五至三十分鐘,再以清水沖洗乾淨。

2 如果還有汙垢或汗漬殘留,可以將活氧漂白漿均勻塗抹衣物,靜置三十分鐘。再以清水沖洗乾淨即可。

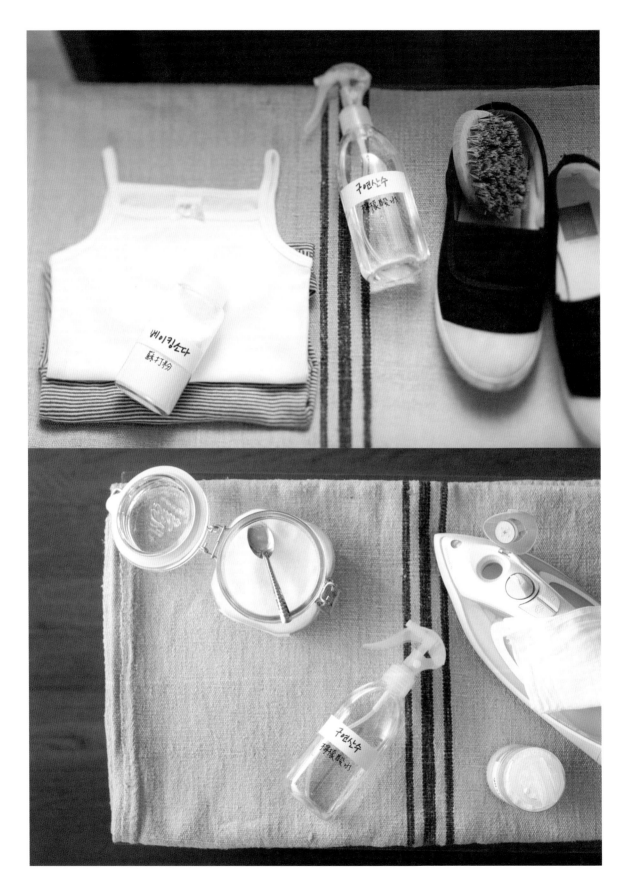

抹布、運動鞋、白襯衫領口的清洗

　　想要洗得比其他衣物都來得更潔白、乾淨的抹布、運動鞋、白襯衫領口，適當利用蘇打粉和檸檬酸就能中和掉殘留在纖維深處的鹼性清潔劑，使衣物變得更加亮白、豔麗。

`using` 蘇打粉＋檸檬酸

1 將一小匙檸檬酸和水裝在一個大尺寸臉盆內，煮沸後將沾有汙漬的襪子或使用過的抹布丟入盆內浸泡即可。

2 在4ℓ的水內加入一小匙檸檬酸，將洗滌後的運動鞋放入浸泡，接著再用清水洗淨即可。

3 清洗白襯衫之前，先在領口的部分抹上檸檬酸和蘇打粉漿。

水果與食物的汙漬清洗

　　衣物沾到果汁或泡菜湯的時候，可以利用蘇打粉緊急處理掉汙漬；只要不是累積很久的汙漬，二十秒內就可以解決。

`using` 蘇打粉

1 由於這個方法不是用來洗滌，而是緊急情況的時候應急用，所以為了不沾濕衣物的其他部分，可以先用橡皮筋將髒汙處綁起來。

2 在杯子或其他容器中倒入溫水，接著加入二小匙蘇打粉，充分溶解後，將髒汙處浸泡進蘇打水中約二十秒。

3 最後以清水沖淨，再將橡皮筋解開即可。

熨斗的清潔與管理

　　蒸氣熨斗的噴氣孔和滴水嘴的熨斗底部經常都會累積礦物汙垢，此時可以利用檸檬酸替熨斗做好清潔管理的工作。

`using` 檸檬酸＋乾布＋鹽

1 如果使用的是蒸氣熨斗，可以利用檸檬酸水（1～3％）將熨斗水杯加滿，接著打開開關，噴幾次水後，將熨斗靜置一至兩分鐘，冷卻後將水倒出即可。

2 想要去除熨斗底部的礦物汙垢，可以利用同等分量的檸檬酸水（1～2％）和鹽，攪拌並適度加熱後，以乾布沾附，擦拭熨斗即可。

完完全全託天然清潔劑福的家庭？哪裡？在哪裡？
那還用說嗎？當然是有小孩的家庭啊！

4

沒有盡頭的整理，客廳‧臥室

建材的清理

地板汙垢清潔

　　無論是客廳或是其他空間的地板，經常都會累積許多難以去除的汙垢，這時候只要懂得活用檸檬酸，就能搞定難纏汙垢，讓地板清潔溜溜。其中又得將混雜水漬、油垢、食物殘渣的廚房地板，視作頭號列管人物。

`using` 蘇打粉＋檸檬酸＋濕拖布＋乾拖布
1 如果家裡是原木地板的話，先將灰塵擦乾淨後，撒上檸檬酸水（1～2%），再以濕拖布擦拭。
2 如果家裡是塑料地板的話，可以先調配好加入一大匙檸檬酸粉和蘇打粉的溫水備用，接著將拖布放入水中浸泡，記得徹底擰乾後，再擦拭地板，最後用乾拖布擦乾即可。

梅雨季的地板清潔

　　就算平常有用濕拖布清潔地板灰塵的習慣，時間一久地板上仍會有惱人的汙漬殘留，特別是這種情形在潮濕的梅雨季格外嚴重，必須靠蘇打粉和檸檬酸進行特別管理，才能有效維持地板的整潔清爽。

`using` 蘇打粉＋檸檬酸＋乾抹布＋海綿
1 將地板灰塵徹底擦乾淨。
2 在地板上噴灑蘇打水，接著用乾拖布擦乾。
3 髒汙情況比較嚴重的玄關或臥室門口等，可以先噴灑蘇打水後，再用海綿輕輕刷洗地板。
4 最後撒上檸檬酸水後，以乾拖布擦乾淨即可。

踏墊、地毯的清潔

　　踏墊和地毯除了難以洗滌之外，想要處理掉厚厚堆積的灰塵也絕非易事，此時只要撒上擁有中和功能的蘇打粉，就能同時解決灰塵和異味。

`using` 蘇打粉
1 在踏墊或地毯撒上一層厚厚的蘇打粉，靜置十五分鐘左右，可以的話，最好放上一整天，去除灰塵和異味的效果會更明顯。
2 靜置完畢後，開啟吸塵器的最強模式吸走蘇打粉。

`tip` 留在吸塵器的蘇打粉，不僅可以去除吸塵器內部的異味，丟進垃圾桶後還能有除臭、除濕的效果。

窗戶、窗框、紗窗網的清潔

使用蘇打粉和檸檬酸，一次解決窗戶、窗框、紗窗網的髒汙。不需要用水清洗，所以很輕鬆，搞定灰塵之後，就能大大節省打掃這些地方的時間。

using 蘇打粉＋檸檬酸＋玻璃清潔器＋牙刷＋清潔用刷具＋乾布

1 在窗戶上噴灑檸檬酸水（1～2％），以玻璃清潔器擦拭後，再用乾布擦乾即可。

2 堆積在窗架邊邊角角的汙垢，可以用牙刷沾蘇打粉漿刷洗，再用乾布擦乾即可。

3 紗窗網的部分先用真空吸塵器進行初步清潔掉灰塵，接著鋪上報紙，噴灑足以讓報紙濕透的蘇打水，靜置三十分鐘後，取下報紙，用刷具由上至下刷洗，擦掉灰塵。

4 最後噴灑檸檬酸水，再用乾布擦乾即可。

tip 紗窗網沾附較為嚴重的汙漬時，可以將清潔用刷具沾蘇打粉漿刷洗，接著再撒上檸檬酸水，最後以乾布擦去流下的汙水即可。

清除貼紙痕跡

黏了很久的貼紙痕跡，只要碰到鹼性的蘇打粉，就會產生中和作用，不留一點痕跡。

using 蘇打粉＋檸檬酸＋乾布

1 用水沾濕貼紙痕跡，接著塗抹蘇打粉漿後擦拭。

2 噴灑檸檬酸水（1～2％）後，再用乾布擦乾淨即可。

百葉窗的清潔

疏於管理的灰塵或是汙垢累積得太嚴重時，第一步要做的就是先用蘇打粉中和，再擦拭會輕鬆許多。最後以檸檬酸收尾，就能達到靜菌的效果。

using 蘇打粉＋檸檬酸＋布手套＋乾布

1 用蘇打水充分噴濕百葉窗的每一個縫隙後，靜置十至二十分鐘。

2 等到中和作用差不多進行完畢後，戴上布手套一片一片擦拭百葉窗，不過這麼做會讓灰塵掉得到處都是，所以記得從最上面開始往下清。

3 接著撒上檸檬酸水後，再擦拭一次，最後以乾布擦乾淨即可。

電器用品清理

冷氣的清潔

蘇打粉在去除灰塵、塵蟎與除濕方面有著驚人的效果，再加上還有靜菌的功效，能夠大幅降低冷氣機裡的細菌數量。

`using` 蘇打粉＋毛巾＋牙刷＋乾布

1 先在噴霧器中倒入500㎖溫水，加入兩至三大匙蘇打粉攪拌。

2 以蘇打水均勻噴灑於累積無數髒汙的扇葉深處。

3 使用毛巾或牙刷將每一個角落都刷乾淨之後，再以乾布擦拭乾淨即可。

加濕機的清理

曾經為了清理加濕機而感到無限困擾的人，絕對要無條件依賴天然清潔劑。

`using` 檸檬酸＋蘇打粉＋乾布

1 拆解加濕機後，先將累積水垢的部分噴上檸檬酸水（1～2%），接著用清水沖洗乾淨，再以乾布擦拭，放置於陰涼處風乾後，重新組裝回原狀即可。

2 倒入半桶水至加濕機的水桶中，接著加入一大匙蘇打粉與一小匙檸檬酸，搖晃清洗，最後以清水沖乾淨後，放置於陽光下曬乾即可。

3 去除加濕機主體部分的灰塵後，以蘇打水擦拭汙垢，再噴灑上檸檬酸水即可。

家具的清理

木製家具的清潔

　　因為市面上沒有什麼專用的清潔劑，所以木製家具的清潔大多都只是用拖布擦一擦灰塵而已，想要解決躲在木製家具邊邊角角的汙垢，就必須靠蘇打粉進行中和。

using 蘇打粉＋檸檬酸＋海綿＋乾布

1 加入各一大匙的蘇打粉和檸檬酸粉至溫水中。
2 以①沾濕海綿或乾拖布後擦拭木頭。
3 確定沒有任何殘留物後，再於清水中浸濕乾拖布後擦乾淨即可。

tip 要注意如果是有上漆的木製家具，擦拭的時候可能會使油漆脫落。

去除布沙發異味

　　利用能夠中和異味的蘇打粉作為日常生活中纖維製品的除臭工具，可以得到很好的效果。尤其像是洗滌不易的布沙發或窗簾，都能靠蘇打粉輕鬆搞定。

using 蘇打粉＋香氛精油（尤加利精油等）

1 加入兩至三滴香氛精油到蘇打粉中攪拌，接著均勻撒在沙發上，靜置兩至三個小時，如果可以靜置一整天的時間，去除異味和灰塵的效果將會加倍。
2 開啟吸塵器的最強模式吸走蘇打粉，這樣做可以讓蘇打粉帶走異味和灰塵，香氛精油則可以抑制細菌繁殖。

tip 將充分溶解蘇打粉的溫水裝入噴瓶，放置於客廳一角，方便隨時拿來噴灑沙發消除異味；同理，也可以將這個方法用在清理汽車座椅，同樣也能消除異味，營造舒適的車內空間。

去除床墊的汙垢與異味

　　雖然要徹底清潔床墊還是得依靠專業的公司，但是我們還是可以利用蘇打粉應急解決部分的汙垢。就算床墊上沒有沾附什麼髒東西，同樣也可以活用蘇打粉的功效中和床墊異味。

`using` 蘇打粉＋乾布

1 拆下床罩，利用蘇打粉漿塗抹髒汙處。

2 待中和作用完成後，再以乾布或刷子擦拭。

3 直到沒有任何痕跡留下，就可以擦掉蘇打粉漿，最後用乾布擦乾淨即可。

去除收納櫃、鞋櫃異味

　　只要濕度一高，家具立刻就會發出討人厭的臭味，尤其是梅雨季的鞋櫃或收納櫃，更是讓人渾身不舒服，此時只要拿出溶解蘇打粉和檸檬酸粉的水，就能消除異味，還能兼具防蟲劑的功效，就連霉味都能一次搞定。

`using` 蘇打粉＋檸檬酸

1 想要解決收納櫃的異味，可以先倒入約三分之二杯不加蓋容器的蘇打粉，至於盛裝蘇打粉的容器尺寸約為馬克杯大小即可。依據異味的嚴重程度調整擺放兩至三個，使用期限至少兩個月。

2 將混合蘇打水和檸檬酸水的清潔劑裝入噴瓶，用來擦拭衣櫃或收納櫃內部壁面，就能達到減少異味的效果。不過，混合過的清潔劑有可能會變質，盡量能在每次使用前妥善控制好分量。

`tip` 清潔鞋櫃也是使用同樣的方法。另外，如果想要解決鞋子發出的濃濃腳臭味，可以在鞋子底部撒上蘇打粉，隔天出門時將蘇打粉倒掉就可以穿了；這個方法也很適合用來處理立刻要穿的鞋子。喪失除臭功效的蘇打粉，可以在下次打掃其他地方的時候，回收再利用。

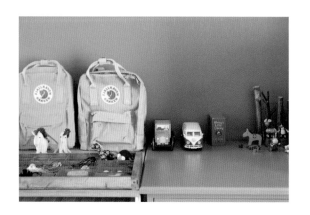

放任這樣沒關係嗎？兒童房

玩具室・小朋友雜事管理

塑膠玩具的清理與消毒

　　塑膠玩具經常都會沾附許多手垢，可以按照骯髒
程度調節使用蘇打水或蘇打粉漿，不過無論選擇以
上哪一種，都記得使用檸檬酸水作為結尾，才能達
到靜菌的效果。

using 蘇打粉＋檸檬酸＋乾布

1 先在顯眼的髒汙處抹上蘇打粉漿，仔細擦拭。
2 接著使用以蘇打水浸濕的乾布均勻擦拭整個玩具。
3 最後用沾濕的乾布擦乾淨即可。

原木玩具的消毒

　　使用快乾且能靜菌的檸檬酸，就算讓孩子把玩具
放進嘴巴咬也很放心；除此之外還能維持玩具表面
的潔淨。

using 檸檬酸

1 將檸檬酸水（1～2%）裝進噴瓶，擺放於玩具附近。
2 如果將原木玩具放進水裡清洗，必須要等很長的時間才
會乾，但是只要使用檸檬酸水就能隨時隨地進行清潔工
作。

布娃娃的消毒

如果擔心孩子抓來又咬又吸的布娃娃不衛生，可以安心使用蘇打粉消毒，因為蘇打粉是食品添加物，所以完全不含對人體有害的成分。

using 蘇打粉

1 將布娃娃放進塑膠袋內，撒入相當分量的蘇打粉。
2 束起袋口後，開始搖晃。
3 靜置一陣子之後，不僅異味消失，布娃娃也會變得相當鬆軟。
4 從塑膠袋中拿出布娃娃，用力撢一撢或利用清潔床鋪時使用的真空吸塵器吸走粉末。
5 放置於陽光下曬乾後再撢一撢即可。

樂高等積木的清理

縫隙很多又很難清掉灰塵的小積木，只要懂得活用蘇打粉能夠中和灰塵的功效，就可以輕鬆解決。建議將所有為數不少的積木通通丟進水裡，一次完成清理工作比較方便。

using 蘇打粉＋回收的牙刷＋乾布或毛巾

1 在浴缸中放滿溫水後，倒入兩個紙杯分量的蘇打粉，使其溶解於水中。

2 充分溶解完畢後，就可以將樂高積木等通通丟進水裡，浸泡一天。
3 隔天早上將水放掉，利用蓮蓬頭沖洗積木的灰塵；積木上的汙垢可以利用沾附蘇打粉的牙刷清洗。
4 最後用清水把積木沖乾淨後，擺在大毛巾或乾布上，置於陽光下曬乾即可。

其他兒童用品的消毒與清理

除了娃娃、玩具之外，還有許許多多難以數計的兒童用品，像是孩子們玩扮家家酒經常用小手摸來摸去的迷你廚房組、書、學步車、體溫計等等，都可以使用檸檬酸同時進行洗滌和消毒。

using 檸檬酸＋乾布＋棉花棒

1 將檸檬酸（1～2%）裝進噴瓶裡，隨時隨地用來噴灑各種兒童用品，完成後再用乾布擦乾即可。
2 藏匿在細窄縫隙中的髒東西，可以利用沾附檸檬酸粉的棉花棒清理。
3 最後只要以沾濕的乾布擦拭即大功告成。

兒童衛生管理

布尿布的清潔

　　蘇打粉能夠吸收濕氣，也能與酸性氣味結合產生中和作用，因此能夠有效消除異味。如果可以在洗滌布尿布時，加入蘇打粉和活氧漂白劑，就能讓孩子的皮膚變得細嫩，同時也能管理好尿布的衛生。

`using` 蘇打粉＋活氧漂白劑

1 將小便過的尿布放進沸水中，加入一杯蘇打粉溶解，稍微浸泡後，再將尿布洗滌沖淨。

2 將大便過的尿布放進沸水中，加入半杯活氧漂白劑粉末溶解，稍作浸泡後，再輕輕搓洗尿布即可。

3 如果是使用洗衣機洗滌的話，可以將蘇打粉和活氧漂白劑一起放入清潔劑擺放槽裡，啟動標準模式清洗即可。

紙尿布濕疹預防

　　再怎麼仔細擦拭孩子的屁股，都還是會有大、小便殘留物的痕跡。只要利用蘇打粉，就能維持皮膚的潔淨，並且還能中和酸性的尿液，有效預防斑疹、濕疹。

`using` 蘇打粉

1 幫小孩換下尿布後，利用以蘇打水浸濕的紗布擦拭屁股。

2 用清水將殘留在屁股上的紗布洗掉即可。

3 出現尿布疹的時候，可以在孩子的沐浴用品裡加入兩大匙蘇打粉，攪拌均勻後用來替小孩按摩，就能有效舒緩發疹症狀。

外出時的布尿布處理方法

　　外出時，看到小孩在尿布裡大便的時候，總是因為令人不舒服的味道，讓後續處理變得有些難為情。這時，可以善加利用蘇打粉的除臭能力！外出的時候，只要隨身攜帶蘇打粉與塑膠袋，就能輕鬆解決難堪的場面。

`using` 蘇打粉＋塑膠袋

1 如果小孩是大便的話，盡可能到廁所再處理穢物。

2 將尿布放進塑膠袋內，撒入相當分量的蘇打粉後，束緊袋口。

3 回家後，使用蘇打粉與活氧漂白劑洗滌即可。

外出時的兒童嘔吐處理方法

　　未滿十二個月的小孩，由於消化系統尚未發展完全，所以經常都會出現嘔吐的情形。嘔吐物發出的氣味可是一點都不輸排泄物的氣味，令人相當困擾。外出的時候，如果小孩嘔吐的話，利用蘇打粉應急不失為一個簡便的好方法。

`using` 蘇打粉＋塑膠袋

1 清除嘔吐物後，在該位置撒上蘇打粉。

2 回家後，輕輕洗掉沾到嘔吐物的部分即可。

`tip` 外出時，將蘇打粉裝進塑膠袋內隨身攜帶也很方便。

沾到尿液或嘔吐物的床墊清潔

　　孩子尿床或吐在床上的時候，床墊的清潔可就變得難上加難了，此時，同樣也只要借助蘇打粉的力量，就連令人反胃的惡臭和濕氣也都能一併搞定。

`using` 蘇打粉

1 拿掉沾附髒東西的墊子，然後在床墊撒上蘇打粉。

2 靜置兩至三個小時，讓蘇打粉充分吸收濕氣和異味後，大致清理一下，最後用真空吸塵器將蘇打粉末吸掉即可。

全天然兒童沐浴乳

　利用溶解過蘇打粉的熱水洗澡，可以中和並分解汗液，對治療或預防痱子也很有幫助。沒有必要執著於非用肥皂洗澡不可，同樣洗得乾乾淨淨的天然清潔劑也很棒！

using 蘇打粉＋棉質毛巾

1 先在浴缸中倒入熱水（10ℓ），再加入半個紙杯分量的蘇打粉攪拌。

2 將孩子放進水中後，以毛巾溫柔洗淨。

3 最後用清水沖淨，搽上保濕用品即可。

取代牙膏的口腔清潔

　　由於原本就是食品添加物的蘇打粉不含任何化學成分，所以對人體完全沒有害處，選用蘇打粉作為孩子第一次嘗試刷牙用的天然牙膏，也能令大人安心。

using 蘇打粉＋甘油

1 攪拌蘇打粉（四大匙）與甘油（一大匙）直到呈現漿狀為止。

2 用牙刷沾附蘇打粉漿，刷牙漱口即可。

tip 用牙膏沾蘇打粉刷牙，會有美白牙齒的功效。

73

原來還可以這樣用！其他招式

露營的時候

去除烤盤汙垢

烤完肉的烤盤沾滿許多油垢，就算使用中性清潔劑來回清理三、四次似乎也沒有辦法洗得很乾淨。如果能在烤完後，立刻使用蘇打粉處理的話，就能輕鬆解決油垢。

`using` 蘇打粉＋海綿
`how to` 利用溶解過蘇打粉的熱水清洗烤盤，靜置三十分鐘以上，再以海綿擦拭，就能輕而易舉去除油垢。

超簡單露營洗碗法

露營的時候，洗碗變成一件很麻煩的事情，所以如果沒有使用到油的餐具，通常就是用清水稍微沖一沖再使用；稍微沾到油漬的餐具，可以利用蘇打粉稍微擦拭後再沖洗會比較方便。

`using` 蘇打粉＋檸檬酸＋乾抹布
`how to` 將蘇打粉撒在餐具上，等待三十分鐘讓蘇打粉充分中和食物殘渣或油垢後，再以清水洗淨。假如仍有汙漬殘留的話，可以噴灑檸檬酸水（1～2％）後，再用乾抹布擦乾淨即可。

不鏽鋼等鍋具的清理

露營用品當中有許多不鏽鋼製品。可以利用蘇打粉進行洗滌工作，再用檸檬酸水維持光澤。

`using` 蘇打粉＋檸檬酸＋廚房手巾
`how to` 將些許蘇打粉撒在沾附油垢的餐具上，再以廚房手巾擦拭後，噴灑上檸檬酸水即可。

水果、蔬菜的清理

就算沒有水龍頭，也能利用蘇打粉清理水果和蔬菜，尤其是在水源稀少的登山或露營活動地區，蘇打粉便是救急小幫手。

`using` 蘇打粉＋塑膠袋
`how to` 將帶有外皮的蔬菜或水果放進塑膠袋，撒入蘇打粉後搖晃，之後撣掉粉末，再以清水擦拭即可食用。

露營用水桶的清理

每次都得承載大量用水的露營用水桶，很容易累積水垢，利用蘇打粉和檸檬酸搞定刷具刷不到的小地方，清理的同時還能有靜菌的效果。

`using` 蘇打粉＋檸檬酸
`how to` 在水桶中倒入三分之一清水，按照每1ℓ添加一大匙蘇打粉的比例後，搖晃水桶；加入檸檬酸水（1％）時也是按照同樣的方法搖晃水桶，最後再以清水沖洗乾淨即可。

被蚊蟲叮咬的時候

露營的時候被蚊蟲叮咬是家常便飯，如果沒有特別搽藥的話，其實用蘇打粉也能解決，檸檬酸同樣也可以喔！

`using` 蘇打粉
`how to` 利用蘇打粉混合些許水，調配成濃稠的蘇打粉漿，接著塗抹在被蚊蟲叮咬的地方即可。

睡袋的整理

睡袋必須緩緩捲起，壓縮好才能完成收納，卻因為經常成為被忽略的物件，而發出令人不舒服的怪味。放置於陽光下曝曬是基本動作，想要解決異味就得靠蘇打粉了。

`using` 蘇打粉
`how to` 捲起睡袋收納前，先將蘇打粉撒在睡袋的每一個角落，之後要攤開來使用的時候，再將粉末撣掉即可。

野外用草蓆的清理

整理草蓆的時候，先抖掉灰塵清理後再收納，等到下次要用的時候，草蓆就能維持乾淨的狀態。

`using` 蘇打粉＋乾布
`how to` 用蘇打水浸濕的乾布，仔細擦拭草蓆骯髒的地方後，充分曬乾再收納即可。

處理寵物的時候

寵物的耳朵清理

堆積在狗或貓等寵物耳朵的汙垢，是異味的來源之一；蘇打粉能夠有效解決寵物的汙垢和異味。

using 蘇打粉＋紗布＋棉花棒

how to 在1ℓ的熱水中加入兩大匙的蘇打粉，以蘇打粉水將紗布或棉花棒浸濕，清理寵物的耳朵內側，直到沒有任何殘留物後，再用沾過熱水的紗布擦乾淨即可。

愛犬淚痕與眼屎

可以利用蘇打粉中和狗狗的淚痕和眼屎，因為蘇打粉本身是食品添加物，就算不小心跑到狗狗眼睛裡也不會造成任何傷害。

using 蘇打粉＋紗布

how to 以蘇打水噴濕紗布，輕輕擦拭狗狗的眼睛周圍，直到沒有任何殘留物後，再用沾過熱水的紗布擦乾淨即可。

狗狗沐浴

幫狗狗洗澡的時候，比起使用肥皂，蘇打粉和檸檬酸更能保養好寵物的皮膚，而且還能增添牠們的毛色光澤。

using 蘇打粉＋檸檬酸

how to 洗完寵物的毛後，使用在1ℓ公升熱水中加入一大匙蘇打粉和一小匙檸檬酸粉比例調配而成的水替寵物洗澡，最後用清水沖乾淨即可。

狗狗刷牙

蘇打粉內含的鈉成分能夠有效預防口腔潰瘍，也能鞏固寵物牙齒健康。

using 蘇打粉＋紗布

how to 在二分之一杯的溫水中加入二分之一大匙的蘇打粉溶解，利用紗布沾附蘇打水後，替狗狗刷牙。

飼料碗除蟲

盛裝飼料的碗盤等器皿附近免不了成為蟲子的聚集地，只要撒上一些蘇打粉就能輕鬆搞定。

using 蘇打粉

how to 盛裝飼料之前，先在飼料碗底部撒上一些蘇打粉。

動不動就打結的貓毛與狗毛

貓毛或狗毛打結的時候，比起硬是梳開，倒不如試著用蘇打粉中和毛裡的細微灰塵，更能有效理順寵物的毛喔！

using 蘇打粉＋海綿

how to 利用稍微以熱水浸濕的海綿沾附蘇打粉，輕柔地擦拭寵物毛髮打結處，就能輕鬆解開打結。

狗屋附近的異味處理與靜菌

異味的成因多為酸性物質所造成，鹼性的蘇打粉能夠中和寵物特有的氣味，因此只要持續使用蘇打粉和檸檬酸的話，就能在解決寵物氣味之餘，順便達到靜菌的效果。

using 蘇打粉＋檸檬酸

how to 將蘇打粉包（密封於回收使用的碎布內）放置於狗屋內或寵物用抱枕內，不僅能夠有效預防塵蟎，還有去味的效果；另外，可以將檸檬酸水（1～2%）裝在噴瓶中，方便隨時噴灑。

漫長的一天……現在可以好好喘口氣了！

　　家務真的是一件極度惱人的事情，完全讓人沒有任何休息的空隙，而且還有一種越做越多的感覺。就算揚言「我不做了！」「隨便做做就好！」，對於生來就不懂休息為何物的女人而言，即便再怎麼覺得厭煩，還是會忍不住動手收拾，就是停不下來，將身體和心靈全數奉獻正是我們女人的天性。也算是一種病吧？事實上，確實如此！

　　打掃與洗衣服、殺菌與漂白、去漬除垢、消除臭味時，迎接戲劇性變化的瞬間，燃燒體力去解決這些苦差事就是我們每天必須要完成的任務，既然如此，何不選擇使用更簡單、俐落的方法呢？可以的話，做家事甚至還能視為與整個地球的未來息息相關！真的好想要邀請大家一起來過這樣的生活，所以才堅持非做這本書不可。我們有自信，就算一開始大家什麼都不懂，一旦看到原本髒兮兮的地方變得閃閃發亮時，心情絕對也會變得超好！

　　蘇打粉、檸檬酸、活氧漂白劑這幾個傢伙可以靈活應用的地方，可不只有這樣喔！不過，請先在這裡暫時告一個段落吧！您也該去喝杯茶，休息一下了！

國家圖書館出版品預行編目資料

生活清潔劑 / F.book 著；王品涵譯 . ──初版
──臺北市：大田，民 105.03
面；公分 . ──（Creative；089）
ISBN 978-986-179-440-2（平裝）

429.8   104029019

Creative 089

生活清潔劑
過去使用太多化學清潔劑了！

F.book ◎著
王品涵◎譯

出版者：大田出版有限公司
台北市 10445 中山北路二段 26 巷 2 號 2 樓
E-mail：titan3@ms22.hinet.net　http：//www.titan3.com.tw
編輯部專線：（02）2562-1383　傳真：（02）2581-8761
【如果您對本書或本出版公司有任何意見，歡迎來電】
法律顧問：陳思成 律師

總編輯：莊培園
副總編輯：蔡鳳儀
執行編輯：陳顗如
行銷企劃：張家綺
校對：金文蕙 / 黃薇霓
美術編輯：張蘊方
印刷：上好印刷股份有限公司（04）23150280
初版：二〇一六年三月一日 定價：220 元
國際書碼：978-986-179-440-2 CIP：429.8/104029019

F. book Living-1 생활세제
Copyright 2014 © by F. book
All right reserved.
Complex Chinese copyright 2016 by Titan Publishing Co.,Ltd
Complex Chinese language edition arranged with FORBOOK Publishing Co.
through 連亞國際文化傳播公司